A. SCHLUMBERGER

ARENENBERG

en 1875

MULHOUSE

Imprimerie Brustlein & Cie

—

1875

ARENENBERG

EN 1875

A. SCHLUMBERGER

ARENENBERG

en 1875

MULHOUSE

IMPRIMERIE BRUSTLEIN & Cie

—

1875

Que fait-on à Arenenberg en 1875 ? A partir du mois de Juillet, tant que la belle saison dure, ce sont des pèlerinages continuels; le soleil est beau sur les rivages du lac de Constance, son lever y est superbe, et on n'oublie pas que c'est le soleil qui vivifie, que loin de lui et privé de ses rayons on s'étiole, et que non seulement le soleil du bon Dieu semble sortir tous les jours du lac, mais qu'un autre soleil, plus jeune, en sort aussi tous les matins après s'être plongé dans ses flots. Ce soleil-là ne demande qu'à faire comme l'autre, à briller et à s'ouvrir sa route à l'horizon. — Il y aura toujours des adorateurs du soleil, et le moindre petit lézard Impérialiste n'oublie pas pour le moment de venir se chauffer à ses rayons naissants.

Outre les invités de droit, invités-nés pourrait-on dire, il y a ceux, bien nombreux, qui ne viennent à Arenenberg que pour y passer une journée. Ceux-ci descendent à Ermattingen et se font annoncer; on leur fait répondre qu'on y sera et selon que leur visite est plus ou moins appréciée par l'Impératrice, on les retient à dîner.

C'est Siegrist, le domestique suisse, qui fait le coureur. Après qu'il a porté l'invitation, on envoie prendre les visiteurs; un cocher en livrée noire (la livrée porte encore le deuil de l'Empereur), deux chevaux noirs, appartenant à l'hôtelier de l'Aigle, attelés à un grand landau s'il y a des dames à chercher, ou à un break si les visiteurs ne sont que des hommes; mais toujours les mêmes chevaux, le même cocher, et Siegrist derrière; Siegrist prétend que les chevaux une fois placés sur la route d'Ermattingen savent le chemin tout seuls, car c'est toujours à la même auberge qu'on s'arrête; qu'au besoin le landau et le break, trouveraient bien à s'orienter d'eux-mêmes. Pour ce qui est des chevaux, Siegrist a raison: le cocher, vieux bonhomme, né non loin du château, conduit la voiture les yeux fermés, et cela pour deux raisons; le soleil l'éblouit, son chapeau de livrée lui donnant peu d'ombre, et puis, depuis le temps qu'il fait cette route tous les jours, il n'a plus besoin d'y voir, la mémoire lui suffit; quelquefois il ferme les yeux si complétement que le sommeil s'en mêle, surtout s'il fait chaud. Siegrist, lui, balance aussi sur son siége de derrière; quand le soleil tape dur, ces deux pauvres vieux ne peuvent pas lutter contre son action soporifique.

Mais les chevaux sont là qui sauvent tout, et il n'est encore jamais arrivé de mémoire d'aucun visiteur que le landau ait dépassé d'un pas le péristyle de l'auberge, ou qu'il ait accroché à la grande fontaine. Il la tourne méthodiquement et arrête sa portière en ligne droite vis-à-vis le milieu de la porte de l'Aigle. Cet arrêt de mouvement réveille le cocher et Siegrist juste en temps convenable pour ébaucher, le chapeau à la main, un sourire et un salut aux convives, comme il convient à des automates de bonne maison.

Le retour à Arenenberg se fait assez lentement; on monte; les deux vieux ont encore pour un moment oublié les soucis de ce monde, mais si l'on va lentement, l'excuse est toute trouvée — on monte.

Quand le temps est beau, l'Impératrice attend ordinairement ses visiteurs sous un péristyle sur lequel s'ouvrent de plain-pied les salons du bas, quand il pleut elle reste dans le salon de musique, auquel une petite verandah vitrée sert comme d'antichambre.

Le château, en général, est d'un style très simple; peu de nos industriels d'Alsace s'en contenteraient; Guebwiller à lui tout seul possède plus de vingt édifices auxquels leurs propriétaires donnent simplement le nom de maisons, et qui surpassent de beaucoup par leur luxe et leur grandeur le château d'Arenenberg.

La reine Hortense acheta cette propriété d'une ancienne

famille du pays; elle désirait se rapprocher de sa parente, la
grande-duchesse Stéphanie de Bade qu'elle aimait beaucoup
et qui, elle aussi, avait fait acquisition d'une campagne à
Mannebach. La reine aimait la solitude, la grande nature, le
bleu du lac, les belles montagnes; toutes ces choses se trou-
vaient réunies en profusion à Arenenberg et dans ses environs; de plus, le prince Eugène avait fait bâtir une superbe
maison sur la rive opposée du lac de Constance.

La reine, se trouvait donc là, dans un milieu agréable pour
elle sous tous les rapports.

Le château n'a subi que peu, ou point de changements; il
n'est pas grand et ne peut pas loger beaucoup d'invités; pour
subvenir à cet inconvénient on a bâti hors de l'enceinte du parc,
tout du côté de la montagne, un bâtiment de forme assez ordinaire servant de succursale au château. Afin de ne pas avoir
l'air de reléguer au second plan ceux des invités qu'on loge
dans cette annexe, l'Impératrice y a installé le duc et la duchesse de Mou... qui en font les honneurs. L'amitié sincère
qu'on lui sait professer pour ce couple de fidèles prévient toute
blessure d'amour-propre.

Le rez-de-chaussée du château contient un salon de musique,
une autre pièce appelée le salon de la reine, en souvenir de la
reine Hortense qui l'habitait de préférence, puis, une grande
salle à manger et une bibliothèque dont les fenêtres donnent
sur le lac.

Le chemin de fer passant depuis peu entre le lac et la route
qui côtoie le parc, enlève un peu, non pas de la beauté de la
vue, mais de sa sérénité et de sa grandeur. Car un sifflet de
locomotive, un drapeau de signal et la fumée de charbon n'em-
bellissent certes pas un paysage, et les propriétaires d'Arenenberg ont sans doute parfois été impatientés par ces nécessités
de la civilisation qui viennent déranger le calme de leur re-
traite.

Le premier étage contient l'appartement de l'Impératrice,
composé d'une chambre à coucher, d'un petit salon très élé-
gant, sentant ses fournisseurs de Paris, et d'un mignon cabinet,
espèce de buen-retiro où sont entassés quelques vrais trésors
artistiques; le mur est recouvert d'un gobelin, le plafond est
caché presque entièrement par une énorme glace à biseaux avec

ciselures d'argent dans les coins; Aubusson a composé son bouquet le plus frais et son tissu le plus moelleux pour recouvrir le sapin du plancher. Un seul meuble : une chaise longue en satin couleur gris-perle. La chaise est roulée près d'une grande fenêtre ouverte, la fenêtre donne sur le lac et sur les grands arbres du parc.

Admirable situation pour rêver, ou pour machiner de la politique.

L'Empereur n'a passé qu'une fois à Arenenberg pendant qu'il était sur le trône de France. Il y avait néanmoins un appartement; c'était celui de la reine Hortense, qui communique avec celui de l'Impératrice et se compose de quatre pièces; une chambre à coucher, un grand fumoir dans lequel sont entassés des objets de chasse, un meuble de vieux chêne recouvert de cuir de Cordoue, les murs tendus également de ce même cuir; mais tout y est trop neuf; on voit que cela n'a pas servi; pour tout ornement deux grandes peintures de Carle Vanloo, des allégories de la peinture et de la musique. A côté du fumoir, s'ouvrant sur une terrasse couverte de stores de coutil et prenant vue sur la montagne, une salle à manger plus intime que celle du rez-de-chaussée; et puis un cabinet avec un lit ayant servi dans l'origine à la lectrice de la reine Hortense et plus tard au docteur Conneau.

Le jeune prince habite le second étage; il a retrouvé là le petit appartement qu'habitait autrefois son père; appartement de jeune homme; tout y est simple, tout y est sobre, mais tout aussi y révèle l'affection si douce et si vraie que la reine Hortense avait pour son fils et que son fils lui rendait si largement. Un petit bureau de bois d'ébène renferme des lettres du prince Louis-Napoléon lorsque, après sa tentative avortée de 1836, il fut, par ordre de Louis-Philippe, transféré en Amérique; ces lettres sont pleines de marques de touchante affection; elles sont adressées à sa mère, déjà malade; elles sont datées en partie de l'Andromède, vaisseau qui a transporté le prince. L'une d'elles, écrite en vue des Canaries, dit : *actuellement, si je me laissais aller à mes impressions, je n'aurais d'autre désir que de me retrouver dans ma petite chambre, dans ce beau pays où il me semble que je devais être si heureux.*

Lorsque je revenais il y a quelques mois de reconduire

Mathilde, en rentrant dans le parc, j'ai trouvé un arbre brisé par l'orage, et je me suis dit à moi-même : Notre mariage sera rompu par le sort.... Ce que je prévoyais vaguement s'est réalisé ; ai-je donc épuisé en 1836 toute la part de bonheur qui m'était échue !

Ne m'accusez pas de faiblesse, chère maman, si je me laisse aller à vous confier le fond de mon cœur. On peut regretter ce qu'on a perdu. Quand il fait beau comme aujourd'hui, que la mer est calme comme le lac de Constance, quand nous nous y promenions le soir, que la lune, la même lune nous éclaire de la même lueur bleuâtre, que l'atmosphère enfin, est aussi douce qu'au mois d'Août en Europe, alors je suis plus triste qu'à l'ordinaire ; tous les souvenirs gais ou tristes viennent tomber avec le même poids sur ma poitrine ; le beau temps dilate le cœur, et le rend plus impressionnable, tandis que le mauvais temps le resserre.

Il n'y a que les passions qui soient au-dessus des intempéries des saisons.

Cette lettre n'a pas besoin de commentaires ; elle révèle le fils affectueux et confiant, le jeune homme aimant et amoureux, l'âme poétique, mais aussi la croyance au fatalisme, croyance qui lui resta toute sa vie et qui dominait encore l'Empereur quand il rendit son épée à l'Empereur d'Allemagne.

Ces lettres et tout ce que ce petit meuble contient de souvenirs, l'Empereur n'a jamais voulu les faire transporter aux Tuileries, et c'est grâce à cette croyance que le prince impérial retrouve aujourd'hui intacts de précieux souvenirs que n'eussent pas ménagé le pétrole des communards.

Il peut, en regardant ce même lac, reprendre l'idée dominante de son père, et laisser errer son imagination en suivant des yeux et de la pensée les nuages que le vent poussent du côté de la France.

C'est aussi au second étage que sont quelques chambres destinées à coucher les visiteurs, une chambre pour le secrétaire du prince, une pour son adjudant, et une chambre pour Mme Normand, l'ombre fidèle de l'Impératrice ; seulement elle n'y couche guère ; elle se fait faire tous les soirs un lit dans l'appartement de sa maîtresse.

La chapelle se trouve à une distance de cinquante mètres

environ du château; elle est d'un style très sobre; un escalier
de pierre qu'il faut gravir pour y arriver donne un petit air
cérémonial à l'entrée et à la sortie de la messe. Les hommes
qui se trouvent là en invités ou en curieux, se rangent sur les
deux côtés de l'escalier, chapeau bas; les dames montent deux
à deux, suivant l'Impératrice appuyée sur le bras de son fils;
un petit orgue Alexandre fait entendre ses sons les plus sonores,
la cloche est mise en branle, et, quoique d'un ton un peu criard
et même un peu fêlé, sait encore ajouter un air d'importance
au moment.

Pour un instant on se croirait aux Tuileries, mêmes céré-
monies, mêmes hommages rendus à l'Impératrice, qui sous son
bonnet de veuve qu'elle porte encore et sous un léger voile
de crêpe de soie noire a conservé le secret d'être toujours
jeune et toujours jolie; sa tournure gracieuse, sa démarche
élégante permettent de reporter les souvenirs à dix ans de
date, et si elle n'est plus impératrice de par la loi changeante
de la politique, elle l'est encore de par la loi plus aimable des
Grâces, dans sa petite cour d'Arenenberg. Et pourtant cette
année le château foisonne de jolies femmes.

Il faut un certain temps à toutes ces élégantes pour monter
à la chapelle; les traînes des robes sont longues, l'escalier
est étroit et un peu moussu, il faut prendre garde de glisser;
le chapelain qui compte pouvoir être rentré chez lui à Ermattingen pour midi, où l'attendent sa ménagère et son dîner,
trouve bien qu'on est un peu lent dans le grand monde et
essaie de hâter ses aristocratiques ouailles en faisant sonner
plus fort.

Ce n'est pas l'avis des messieurs rangés au bord de l'escalier;
ils resteraient bien une demi-heure de plus à voir monter ces
jolis pieds laissant voir un peu plus haut que la bottine. Mais
tout a une fin, même un cortège de jolies femmes; les messieurs
ferment la marche.

Après eux, arrivent encore à la hâte et donnant un dernier
coup de main aux plis de leurs robes et aux rubans de leurs
chapeaux, quelques femmes de chambre, heureuses de pouvoir
flâner une heure de temps sur un banc de la chapelle, et
curieuses aussi de savoir l'effet que fera la coiffure de leur
maîtresse; pour ces demoiselles, l'office est surtout une expo-
sition d'artistes capillaires; dans ces montagnes privées des

ressources du coiffeur, le rôle de la femme de chambre grandit ;
c'est de son plus ou moins de talent que dépend souvent le
succès de beauté de la maîtresse ; aussi sont-ce entre ces
demoiselles des discussions très vives, si vives parfois, que le
maître d'hôtel remplissant à la chapelle les offices du suisse,
a souvent été obligé d'imposer silence ; il a même été jusqu'à
fermer la porte à quelques incorrigibles.

L'office ne dure plus guère qu'une demi-heure ; on a sup-
primé le sermon, car le chapelain, malgré sa bonne volonté,
ne pouvait pas s'exprimer clairement en français ; et puis le
pauvre homme parlant à un prince héréditaire, quoique sans
trône pour le moment, à une impératrice, à des ministres puissants ayant tenu en main plus d'une destinée politique, et s'oc-
cupant encore à l'heure qu'il est d'intrigues, dont lui a peur
instinctivement, s'embarquait régulièrement dans des considé-
rants d'une profondeur telle, qu'il n'en sortait plus ; il parlait
de couronnes perdues et retrouvées, comme si on les jouait
à cache-cache, de palais détruits, de pétrole, du pardon des
injures ; le pétrole surtout prenait une grande place dans
ses sermons ; et puis il demandait de nouveau de pardonner ;
il comparait le pardon à l'immensité du lac, et comme de sa
chaire, par les vitraux ouverts, il en voyait les eaux bleues,
sa pensée y restait attachée, il suivait des yeux le bateau à
vapeur partant pour Ermattingen et se demandait s'il fini-
rait à temps pour prendre le suivant.

Le silence se prolongeait ; le jeune prince regardait sa mère
qui lisait dans son livre de prières pour ne pas sourire trop
visiblement, les duchesses relisaient leurs dentelles, Mme Normand faisait de la tête quelques petits saluts de protection
à des personnes qu'elle devait présenter après l'office, les
messieurs raffermissaient leurs cravates ; dans le coin des
femmes de chambre, on reprenait la discussion coiffure ; le
suisse alors se décidait à un coup d'éclat ; n'ayant pas la grande
canne d'ordonnance, il tirait son mouchoir et se mouchait for-
midablement. A cet écho anticipé de la trompette du jugement
dernier, le pauvre chapelain tressaillait et après avoir encore
une fois reparlé de la nécessité du pardon des injures, il donnait sa bénédiction en s'excusant d'avoir été choisi par Dieu,
lui si humble, pour donner sa bénédiction à des princes.

Un jour, son trouble était si grand, et son désespoir aussi, car il avait vu partir le dernier bateau lui permettant de rentrer pour dîner à Ermattingen, qu'il s'excusa encore plus humblement et parla non-seulement de princes, mais de princes déchus. Il pensait arrondir sa phrase en accolant ces deux mots.

Au sortir de l'office, l'Impératrice le retint à dîner, ce à quoi il fut fort sensible, et un vieux vin de Château-Larose l'ayant disposé assez gaiement, le jeune prince en profita pour lui dire au dessert :

« — L'abbé, ne nous faites plus de sermons ; le français n'est pas votre langue, l'allemand n'est pas la nôtre, nous nous gênons mutuellement en nous astreignant à cette complication. Simplifiez le service en ne faisant que nous lire votre messe ; vous parlez si bien latin que vous me rappelez mon *Historia sacræ*. Et puis nous avons ici les sermons de Bossuet ; je les lirai et les lirai à ma mère. — »

« — Bossuet, » fit le chapelain.... « probablement un Français.... il ne dit donc pas ses sermons ? il les fait imprimer ?... moi, je ne fais pas imprimer les miens ; on le fera peut-être à ma mort. Parle-t il au moins du pardon des injures, » continua le chapelain en vidant lestement un verre et en faisant claquer joyeusement sa langue contre le palais.

« Car il faut pardonner, mon prince, car il faut pardonner. » Et le chapelain se versa encore un petit verre avec complaisance.

« — Certes, qu'il parle de pardon ; ses sermons ne respirent que la charité. »

« — Oui, mais le pardon des injures et des crimes commis par le pétrole, en parle-t-il aussi ? »

« — Pas spécialement, du temps où Bossuet écrivait ses sermons, le pétrole n'était pas encore à l'ordre du jour, mais le pardon dont il parle est si large qu'il ne fait pas d'exception et comprend aussi le pétrole. »

« — Eh bien ! À la santé de l'abbé Bossuet ; je ne serai pas fâché de lire aussi un de ses sermons ; il y a longtemps que je désire lire un sermon français. Et ce jour-là je retrouverai de ce vin-ci, car je crois que ces vins français m'ouvrent l'intelligence et me portent à comprendre les beautés de leur langue. »

En rentrant ce soir-là à Ermattingen, le chapelain trouva

son diner désséché, sa ménagère en colère et s'emportant bien fort contre lui. Il mit en pratique son sermon du pardon des injures, rêva que l'abbé Bossuet lui lisait un de ses sermons, pendant que lui l'écoutait religieusement en vidant une bouteille de Château-Larose.

Comment un homme ne pourrait-il pas pardonner même à une ménagère en colère, en face de la charité de Bossuet et de la générosité du Château-Larose.

Depuis ce jour-là, il n'y a plus qu'une simple messe à Arenenberg.

Un peu plus loin que la chapelle se trouve le théâtre; il est petit, mais coquet et suffisamment agencé pour les piécettes qu'on y joue. La reine Hortense l'avait fait bâtir pour en faire une orangerie, mais peu de temps après, elle s'en servit aussi comme salle de musique; les plantes exotiques qui y étaient mises à l'abri, n'étaient là que comme ornement. C'est encore aujourd'hui ainsi; dans le fond se trouve une estrade servant de scène; des plantes grimpantes tapissent les murs et le plafond; lorsque l'estrade est garnie de ses acteurs, cela fait un peu l'effet d'un café chantant. L'éclairage se fait au moyen de bougies renfermées dans des lanternes de couleurs. Les nobles acteurs, surtout le côté féminin de la bande l'a désiré ainsi; ce jour indécis donne plus de charmes aux mystères de la rampe.

Le matin, quand il y a représentation le soir, on colle une affiche à la porte du théâtre.

L'affiche du dimanche 5 Septembre portait:

UN MARI DANS DU COTON
Scène d'intérieur, par LAMBERT THIBOUST

PERSONNAGES

Césarine...................... D. DE M...
Hypolyte Clapier.................. PR. L...

UNE CHAMBRE A DEUX LITS
Vaudeville, par VARIN et LEFÈVRE

PERSONNAGES

Etienne Eperlan.................. M. DE BE...
Isidore Pincemain................ M. DE ROC...

Le souffleur a un rôle très important et très difficile ; c'est toujours Mme Normand qui s'en charge ; il arrive quelquefois que l'acteur d'occasion ne sait pas vingt mots de son rôle, et alors c'est au souffleur de parler ; l'acteur ne fait que les gestes ; mais que de gestes !

Comme on est là avec l'idée bien arrêtée de s'amuser on s'amuse ; les jours où ne figurent pas sur l'affiche les personnages connus sous la rubrique Prsse.. M.. et Pr.. L.., on est sûr d'entendre quelques coups de sifflets dans la salle.

Pourtant on ne paie pas les places, ce n'est donc pas :

— . . . . un droit qu'à la porte on achète en entrant.

A côté du théâtre sont les écuries, les remises, les cuisines, une jolie petite serre et un cabinet spécialement destiné à y faire des bouquets. Car, on en consomme énormément à Arenenberg ; le jeune prince a le goût des bouquets poussé jusqu'à la manie, non pas, qu'il en orne sa chambre, ou qu'il en porte sur lui, mais c'est sa façon de souhaiter le bonjour à ses hôtes ; à six heures du matin déjà il est avec son jardinier dans son petit réduit aux bouquets, et il en confectionne une dizaine tous les jours ; il lui en faut un pour sa mère, un pour la duchesse de M..., un pour la princesse de M..., un pour Mme de Bour..., un pour la jolie Mme D..., et puis, un pour le casuel. Mme Normand est oubliée ou omise, car instinctivement le jeune prince reporte sur cette femme, l'éloignement que son père, à tort ou à raison, ressentait pour elle.

Mme Normand est espagnole, pas très grande, mais grasse, brune de peau, noire de cheveux, l'œil foncé et brillant, les lèvres rouges comme une fleur de grenade. Il y a quelque vingt ans, Mme Normand devait posséder de quoi damner un saint, à plus forte raison un Grand d'Espagne s'il faut en croire la chronique.

Au moment du mariage de l'Empereur elle s'installa comme lectrice auprès de l'Impératrice chez laquelle elle habitait déjà depuis une dizaine d'années. L'Impératrice songea à la marier et lui fit épouser un officier d'ordonnance du nom de Normand ; elle pensait par ce moyen la fixer plus solidement aux Tuileries, car l'Empereur avait déjà à plusieurs reprises manifesté de l'éloignement pour elle. Mais, ce qui dans les calculs de l'Impératrice devait lui permettre de garder Mme Normand auprès d'elle, la contraignit au contraire à s'en séparer. L'Impératrice et M⸳ᵐᵉ Normand parlaient espagnol entre elles, et parlaient volontiers de souvenirs qui pouvaient avoir de l'attrait pour M⸳ˡˡᵉ de Montijo, mais que l'Empereur désirait effacer de la mémoire de sa femme. Il nomma donc M. Normand capitaine, et, l'envoyant rejoindre son régiment en Algérie, il lui fit comprendre qu'il devait y emmener sa femme. La vindicative Espagnole sentit d'où venait le coup, mais dût plier à une volonté plus forte que la sienne ; l'Impératrice aussi. se trouva réduite à laisser faire, lorsque on lui eût expliqué qu'il était convenable que M⸳ᵐᵉ Normand accompagnât son mari.

M. Normand mourut après quatre ans de séjour en Algérie ; l'Empereur ne marchanda pas la pension à sa veuve, on l'accorda aussi large qu'il fut possible de l'accorder, mais il dit nettement qu'il ne voulait pas qu'elle reprît son ancienne charge à la Cour. Ce n'est qu'en 1873, lorsque l'Impératrice devint veuve à son tour, que M⸳ᵐᵉ Normand accourut à Chislehurst pour prodiguer ses consolations à son amie. Le revoir fut touchant, on se promit de ne plus se séparer, et on a tenu parole ; mais une certaine gêne existe en face du jeune prince ; M⸳ᵐᵉ Normand évite de se trouver trop sur son chemin, et lui cède la place lorsque, ce qui arrive souvent, le jeune homme vient proposer à sa mère soit une lecture, soit une promenade dans le parc ou sur le lac. L'Impératrice aussi, évite de prononcer trop souvent le nom de M⸳ᵐᵉ Normand devant son fils. Mais son pouvoir est grand ; c'est elle qui se charge d'introduire les solliciteurs, et son opinion règle ordinairement l'opinion de l'Impératrice.

A côté du théâtre se trouve le jardin potager, soigneusement entretenu et fournissant largement à tous les besoins de la table. Les écuries sont vides, sauf les deux chevaux noirs de l'hôtelier de l'Aigle ; il n'y a là que deux belles vaches blanches ; le jeune prince va tous les matins boire un grand bol de lait chaud avant de se mettre à la confection de ses bouquets.

Les écuries et le potager ont des portes de sortie du côté de la montagne. Juste en face de l'écurie se trouve une maison de paysan ; là aussi il y a deux vaches. Il y a plus de trente ans que cette pauvre famille vit porte à porte avec leurs puissants voisins, sans pour cela en être devenu plus riche, et sans les envier. Elle se compose du père, de la grand'mère, de deux jeunes filles et d'un petit garçon. Le père travaille aux champs, la vieille soigne les vaches, le petit garçon cherche l'herbe, les deux filles tissent des rubans pour un marchand de Constance. A peine si elles lèvent quelquefois les yeux de dessus leur métier pour regarder les belles dames et les beaux messieurs qui viennent faire concurrence aux moineaux et picoter en bande les raisins de la treille. Car c'est une des distractions d'Arenenberg d'aller manger le fruit au jardin; les hommes portent les échelles, les dames les corbeilles, l'on rit et l'on mange beaucoup.

Un matin le prince avait dormi plus longtemps que d'habitude, et quand il arriva à l'écurie, le vacher avait fini de traire; il en montra son désappointement; la vieille qui trayait à ce moment, l'appella, et lui offrit du lait de ses vaches à elle; l'offre fut accepté, le lait trouvé meilleur que celui des vaches blanches, et pendant quelques jours le prince alla le matin boire le lait chez la vieille.

On voisinnait.

Mais le prince s'étant aperçu un jour que les mains de la vieille étaient d'une propreté douteuse, retourna boire le lait de ses vaches blanches; en n'en est pas moins bons voisins; quand on se rencontre on se dit: *Grüess i*, et l'autre répond: *vergüll's i Gott*. Mais tout se borne là. Il n'y a pas d'ambition chez ces gens; c'est peut-être un fait rare à citer, que celui de cette famille vivant depuis trente ans dans ce voisinage presque porte à porte et n'ayant jamais rien demandé, ni protection, ni position. On est voisin, voilà tout.

Après la messe, la musique, le théâtre et la cueillette des fruits, il faut citer les autres distractions offertes aux invités d'Arenenberg.

Il y a d'abord sur le lac un joli cabinet de bains; côté des hommes, côté des dames; chaque côté a son escalier pour descendre, mais une fois dans l'eau, tout le monde se trouve ensemble. C'est très gai. Les forts nageurs, parmi lesquels on range le duc de M.., la jolie Mᵐᵉ D. et sa non moins jolie belle-sœur, Mᵐᵉ de B.., s'aventurent un peu loin, du bateau à vapeur on prend tout ce monde pour des marsouins; il n'y a pas, comme aux bains de mer, de la bigarrure dans les costumes; ils sont uniformément gris; le jeune prince joint encore à ce costume des lunettes bleues hérmétiquement fermées; il dit souffrir de la reverbération du soleil sur l'eau.

Cela peut être commode mais c'est bien laid, aussi le prince n'a-t-il pas d'imitateurs.

Après le bain il y a la promenade, non seulement en canot, mais sur un yacht à vapeur mignon et coquet envoyé d'Angleterre; le prince le dirige parfaitement, on va jusqu'à Friedrichshafen, on va à Meinau faire visite au grand-duc de Bade, qui lui aussi vient avec sa famille passer une journée à Arenenberg. Le prince offre un bouquet à la grande-duchesse; elle accepte son bras pour faire une promenade dans le parc.

Aujourd'hui entre le fils et la fille il s'agit d'un bouquet. Il y a peu d'années, entre les deux pères, il s'agissait d'une épée et de deux provinces.

Le fils a-t-il oublié?

Comme distraction il y a encore le jeu de quilles. Une boule suspendue à un arbre est lancée plus ou moins adroitement et renverse un certain nombre de quilles. Jeu d'enfant, mais rien ne se rapproche autant des enfants que les grands personnages en vacance. Un tableau noir est là, sur lequel on met les initiales des joueurs et le nombre de leurs points. Il n'y a que six joueurs acharnés; depuis dix jours les mêmes initiales figurent au tableau:

Pr .
M .
pr. M .
Bu . .
B . .
R . .

C'est Bu... qui gagne le plus ordinairement; la partie est de 6 fr., un franc par joueur; on est modeste et simple; la simplicité des mœurs des montagnes vous gagne involontairement.

Arenenberg n'offre pas à ses invités la distraction des promenades en voiture ou à cheval; il n'y a que les deux

vieux chevaux noirs de l'hôtelier de l'Aigle, mais ceux-là, hors leur service à Ermattingen, n'en font aucun.

De 1832 à 1836, le prince Louis-Napoléon avait deux ânes qui faisaient sa joie et celle de ses cousines; une jolie petite voiture à six places, existant encore, était attelée, le prince conduisait lui-même, et cet équipage tout bariolé de drap rouge et orange, orné de clochettes, faisait le bonheur de la jeunesse des villages environnants. En 1837 les ânes furent vendus à Berne, avec leur joli harnachement. Depuis, l'écurie est vide. On se promène à pied, on descend jusqu'à la gare de Mannebach; c'est là qu'on accompagne les visiteurs partant pour Winterthur. Le chef de gare a vu là bien des serrements de mains, bien des baisers se donner et se rendre, mais malgré ses lunettes, l'honnête Suisse n'a jamais su discerner ceux destinés à l'amitié de ceux destinés à quelqu'intrigue politique. Il prend tout pour de l'or fine sans y soupçonner le moindre alliage diplomatique; il s'est souvent surpris à s'essuyer les yeux quand les adieux étaient longs et touchants, et jamais il ne donne le signal du départ que quand il voit que des deux côtés les protestations de se revoir et les regrets de se quitter sont suffisamment exprimés. Après que le train est parti, il se permet une petite causette avec l'Impératrice et le prince, leur offre de suivre la voie pour raccourcir le chemin, chose qu'il défend énergiquement à qui que ce soit d'autre, même à Mme Normand qu'il appelle *d'r schwarzi Geist*. Mme Normand ne parle pas allemand, ce qui ne lui permet pas de se concilier les bonnes grâces de son ennemi; par contre l'Impératrice et le Prince accentuent le dialecte de Thurgowie d'une façon si pure et si énergique, qu'il n'y a pas de chef de gare sur toute la ligne de Constance à Winterthur capable d'y résister.

Outre la voie de fer pour aller à Mannebach et à Ermattingen il y a la communication par eau, et celle-ci est certes la plus attrayante.

Quand, sur le lac, on arrive en face d'Arenenberg, tout cœur français, et surtout tout cœur alsacien, éprouve un frémissement de bonheur. Au haut du château, flotte, fier sur sa hampe, un grand drapeau tricolore. Pour nous autres Alsaciens, séparés si brusquement de nos couleurs nationales, ce n'est pas sans émotion que du pont du bateau nous regardons ces trois couleurs aimées, pour lesquelles nous avons tant sacrifié, et pour lesquelles nous aurions tant sacrifié encore si la froide raison ne nous eût démontré que tous nos efforts n'aboutiraient pas à l'accomplissement de nos désirs. Nous remercions mentalement cette bonne Suisse de donner asile à notre drapeau, mais en le saluant nous ne regardons qu'aux couleurs, et non pas à la main qui porte la hampe. C'est à la France qu'est adressé notre hommage et non pas à un parti.

Un peu plus loin, en face de Mannebach, on voit aussi un drapeau, celui-là est rouge et blanc, il est en forme d'oriflamme, mais surpasse du double en grandeur celui d'Arenenberg.

Pourquoi ce drapeau là? un drapeau aux couleurs suisses! y avait-il besoin d'accentuer qu'on est en Suisse? ou bien ce drapeau est-il une façon pour la jolie châtelaine d'accentuer qu'elle aussi a le droit d'arborer ses couleurs? ·

Quoiqu'il en soit, Arenenberg et Schloss Mannebach sont en guerre ouverte; guerre de partisans, guerre d'amour-propre; généralement les attaques partent d'en bas; d'en haut on y répond peu ou point.

Schloss Mannebach est situé dans le village même; la vue n'en est guère étendue; il est bâti trop au fond, et les grands arbres qui l'entourent, s'ils empêchent les regards du dehors d'y pénétrer empêchent aussi, du dedans, la vue du lac. Arenenberg au contraire domine par sa hauteur.

Mais, dominant Arenenberg et Schloss Mannebach ensemble, se trouve Schloss Salenstein, appartenant au comte de Herder, prussien pur-sang. L'année dernière, sur le plus haut pignon du château flottait un drapeau prussien noir et blanc; les orages, terribles aux abords du lac en ont-ils eu raison, ou bien est-ce indifférence ou vouloir du comte? le fait est que cette année Salenstein ne montre pas ses couleurs au loin.

Schloss Salenstein est bien plus imposant qu'Arenenberg; bâti plus haut, plus hardiment, car ses fondations sont sur le roc, tout le château a un air féodal qui manque complétement à Arenenberg; le parc aussi, est bien plus grandiose: il a même des endroits où il est effrayant; des rochers coupés à pic dans lesquels on a ménagé de jolies grottes et sur lesquels on cultive des roses splendides. M.

de Herder se promène souvent près du jardin d'Arenenberg, sans toutefois y entrer, et ne manque jamais de dire à la personne qui l'accompagne: « cet Arenenberg, on aura beau faire, on n'en fera jamais rien; le jardin est trop étroit. » Pure appréciation de propriétaire, jaloux de sa propriété. Du reste, il n'oublie pas les convenances de voisinage, et chaque année il fait, en grand gala, avec sa femme et ses deux petites filles, une visite aux propriétaires d'Arenenberg. Huit jours après, l'Impératrice et le prince lui rendent sa visite, et à cette occasion le comte de Herder ne manque pas de leur faire admirer la largeur de son parc qui se prête à tous les arrangements désirables. Le prince, qui connaît sa marotte, n'oublie pas, en poussant un malin soupir d'écolier, de dire: « c'est vrai, tandis qu'Arenenberg a un jardin si étroit qu'à peine on peut l'appeler un parc; on n'en fera jamais rien — »

« Jamais, Monseigneur », répond sentencieusement le comte. Et tout est dit pour une année.

Arenenberg et Salenstein peuvent frayer; les châtelains en sont à peu près du même monde, tandis que, ni Salenstein, ni Arenenberg ne descendent à Schloss Mannebach, on lui permettent de monter.

Toute élégante et gracieuse qu'en est la châtelaine, on ne veut pas oublier que son mari, il y a trois ans encore, régnait à Righi-Kulm sur une armée de cuisiniers, de *Kellner*, de femmes de chambre, qu'en un mot c'était lui, qui, une serviette sous le bras, recevait avec un sourire engageant tous les Anglais et tous les touristes qui venaient complaisamment vider leurs bourses à son hôtel, pour courir la chance de voir un lever de soleil.

Encore ici le soleil jouait un grand rôle, et c'est grâce à ses adorateurs que M. Bur. a vu si vite son escarcelle se garnir de petits rayons d'or qui lui ont permis, il y a trois ans, d'acheter l'ancienne campagne de la grande-duchesse de Bade, et de la meubler si délicieusement, sans excepter les écuries et les remises.

Les écuries comptent cinq chevaux, dont un cheval de selle de dame et deux doubles-poneys pour attelage de dame; les deux autres sont deux grands carrossiers dont l'un peut

être monté par un domestique quand il faut suivre Mme Bur..
Monsieur ne monte pas.

Les remises et la sellerie contiennent d'élégants harnais,
des selles du meilleur faiseur, un gracieux panier, un grand
carrosse.

Après avoir bien monté sa maison, Monsieur Bur.. songea à la rendre tout-à-fait agréable pour lui en la parta-
geant avec une jeune femme. Il ne pouvait mettre en avant
que sa fortune; il avait assez de bon sens pour savoir que
sa personne n'avait plus grande chance de plaire, maintenant qu'il frisait la cinquantaine. Il connaissait les Anglais,
il les avait si souvent hébergés! il savait leurs mœurs et
ne désespéra pas de trouver une de ces jolies miss que le
manque de fortune, le besoin de bien-être, obligent à se
mettre à la disposition de personnes voyageant sur le con-
tinent; il retourna à l'hôtel du Righi-Kulm, trouva qu'on
lui prenait bien cher, quoique le nouveau propriétaire eût
baissé les prix, mais il ne compta pas la dépense quand il
vit qu'il n'avait pas entrepris son voyage pour rien.

Il trouva une charmante orpheline qui avait mis ses ta-
lents et son temps à la disposition d'une vieille miss très
riche, mais très désagréable; il lui fit ses propositions, la
jeune fille ne trouva pas grande différence de s'attacher à
une vieille ou à un vieux garçon, et laissant sa maîtresse
admirer les couchers et les levers du soleil, elle suivit M.
Bur.. à Schloss Mannebach, après avoir passé avec lui par
une église de Lucerne où elle se fit mettre au doigt l'anneau
qui lui donnait le droit de s'appeler Madame Bur..

Arrivée à son domaine, la châtelaine sut bien vite y être
à son aise, et elle y commanda si bien, avec tant de grâce
et tant d'autorité que Monsieur Bur.. oubliait souvent sa
nouvelle condition et accourait au coup de sonnette. Du
reste, il est l'homme le plus heureux du monde et ne manque
jamais d'être dans la cour quand sa femme ramène ses deux
petits poneys tout fumants; c'est lui qui lui ouvre la portière et la porte jusque sur le perron.

La grande-duchesse Stéphanie avait fait bâtir une église
près de son petit château; ce n'est pas une chapelle, car il
y a un grand clocher, pourtant ce n'est pas une église, car

elle est fermée hors l'heure du service et encore à cette heure-là est-il assez difficile d'y pénétrer.

Il y eut au commencement de l'année 1874 quelques coups d'épingles entre Mannebach et Arenenberg à propos du service divin. Le curé du village de Mannebach disait très volontiers et très régulièrement la messe chez la châtelaine: il avait aussi passé très volontiers et non moins régulièrement toutes les soirées d'hiver au château; il se rappelait bien aussi avoir dit la messe, là-haut à Arenenberg pendant deux mois; mais les hôtes d'Arenenberg étaient comme des hirondelles s'enfuyant aux premiers froids; au contraire à Mannebach-Schloss on y était tout l'hiver et la châtelaine avait tant de petits soins, tant de petites attentions pour le curé! Quand en Juillet de l'année dernière un domestique à la livrée de l'Impératrice vint de la part de sa maîtresse demander au curé de bien vouloir venir reprendre son office tous les dimanches, le bon curé songea que la course est bien longue; pas d'autre chemin que le chemin de la montagne qu'il faut faire à pied; il répondit qu'il viendrait faire sa visite et s'entendrait alors avec Sa Majesté quant à l'heure.

Avant de monter à Arenenberg, il passa à Mannebach-Schloss, il ne pouvait pas prendre de décision sans consulter la châtelaine. Là on l'engagea fortement à reprendre son service à la chapelle d'Arenenberg, «seulement», ajouta-t-on, «vous savez que moi j'entends la messe à neuf heures, je ne saurais pas être prête plus tôt; il faudra donc qu'à Arenenberg on choisisse, ou plus tôt, ou plus tard.»

Le curé calcula à haute voix que la messe à neuf heures le menait à dix; que du château à Arenenberg il avait une demi-heure de marche, ce qui faisait dix et demie, qu'il serait difficile de dire la messe avant onze heures, ce qui serait peut-être un peu tard.

La châtelaine fut inexorable, «seulement», ajouta-t-elle, «vous savez, mon cher curé, quand le temps sera mauvais, ou que vous serez bien pressé, c'est moi qui vous conduirai là-haut. La montée est un jeu pour mes poneys.»

«La descente est dangereuse», hasarda le curé.

«Pas avec moi comme cocher, et d'ailleurs vous n'en serez pas de la descente.»

Et pour prouver au curé que la chose était faisable, l'intrépide Anglaise fit atteler ses poneys, et après une course de dix minutes déposa le curé à la porte du parc. Elle ne voulait pas y entrer, par discrétion, et le curé aussi préférait être vu à pied que dans le panier de l'élégante Mad. Bur..

Mais, si l'Anglaise avait été discrète ce jour-là, elle se promettait bien de ne pas l'être toujours, et les jours où on serait pressé, où le curé serait en retard, elle comptait bien ne le déposer que devant l'escalier de la chapelle et obliger tout le monde de se ranger pour qu'elle pût faire volte-face avec ses poneys.

L'Impératrice accueillit le curé très poliment, lui demanda s'il voulait bien revenir, et à quelle heure ; mais oublia complétement ce que Madame Bur.. n'oubliait jamais, c'était que le digne curé était sensible à une attention, et ne refusait pas un petit verre avec un biscuit.

Mme Normand insinua que dix heures est un peu tard; le curé répondit que l'heure de neuf était acquise à Mme Bur..

« Cette dame pourrait bien se déranger un peu pour nous. »

« Je ne voudrais pas le lui demander », dit l'Impératrice à Mme Normand.

Et c'est ainsi que la messe fut décidée pour dix heures.

Deux dimanches tout alla bien, mais le troisième Mme Bur.. n'était pas prête pour entendre la messe à neuf heures; le curé dut attendre, et dix heures sonnaient qu'il n'avait pas encore quitté son surplis; il n'osa pas se plaindre; d'ailleurs, en sortant de la sacristie, il vit Mme Bur.. échanger son livre de messe contre un fouet et lui faire signe que la voiture était attelée.

En dix minutes on fut là-haut; au lieu d'arrêter à la porte du parc, les chevaux tournèrent brusquement, et après une demi-minute d'un galop rapide s'arrêtent droit comme un I sur leurs petites jambes de devant. On eût été à l'Hippodrome, que certes, le monde qui se trouvait devant la chapelle eût applaudi la petite main si hardie qui conduisait si sûrement; mais Sa Majesté avait attendu, on se contint. Les yeux de Mme Normand couvaient un orage, qui

s'accentua encore, lorsque, le curé une fois sorti de la voiture, Mme Bur.. fit lestement tourner·ses chevaux, le salua
de la main, salut qui pouvait tout aussi bien s'appliquer
au reste de la société, et repartit, en faisant entendre un
petit coup de fouet très sec, mais très strident.

On se regarda d'un air un peu étonné; les hommes sou-
riaient; à la faveur du pêle-mêle qu'occasionna l'entrée à
la chapelle, affranchie ce jour-là de tout ordre, le Pr. M. et
M D... dégringolèrent la montagne au lieu d'aller entendre
la messe; il espéraient, en coupant le chemin, se trouver sur
la route assez à temps pour voir passer l'irrésistible panier.
Ils virent en effet Mme Bur.. arriver au tout petit pas de
ses chevaux. La campagne enhardit; d'ailleurs l'usage veut
qu'on se salue et même qu'on échange quelques mots. Les
deux hommes s'autorisant de cette coutume après avoir salué
Mme Bur.. la complimentèrent sur son attelage et surtout
sur la façon nette dont elle arrête ses chevaux.

« Ce serait impossible ici », ajouta M. D...

« Impossible ? oh non — »

« Eh bien, nous en jugerons. »

« Mais pour pouvoir en juger il faudrait arriver au bas
de la montagne en même temps que moi ; montez, vous
verrez. »

Et voici le domestique en bas de la voiture et les deux
messieurs dedans. On reprit un trot rapide et au bas de la
montagne les chevaux s'arrêtèrent sans hésiter solides sur
leurs petits jarrets d'acier.

C'était un vrai tour de force, aussi les deux messieurs
qui sont des sportmann distingués, applaudirent sincèrement.

On causa encore un peu pour laisser souffler les vaillantes
petites bêtes, et puis ces messieurs prirent par le plus raide
mais aussi par le plus court pour arriver avant la fin de la
messe.

Le dimanche suivant, le retard au lieu de n'être que d'un
quart d'heure, fut de plus d'une demi-heure; l'horloge criarde
d'Arenenberg frappait onze heures moins un quart qu'on at-
tendait encore; le curé aurait bien voulu descendre à la porte
du parc, mais Mme Bur.. entra résolument dans l'avenue,
passa au milieu de toute la société, car on était aux abords
de la chapelle occupé à attendre, répondit en souriant au

salut du Pr. M.., et repartit comme une flèche après avoir déposé son curé.

Le dimanche d'ensuite, lorsque le panier arriva devant le
parc, il trouva la porte fermée; M⁰ᵉ Normand était là, et
derrière elle le maître d'hôtel. Elle s'avança et dit froidement
à M. le curé que Sa Majesté n'entendrait pas la messe aujourd'hui, et qu'elle le faisait prier de venir à pied une autre
fois, et seul, afin de ne pas commencer un acte saint par un
scandale.

Et en disant le mot scandale, les yeux de l'Espagnole lan-
çaient des éclairs de fureur à l'Anglaise qui mordillait tout
doucement le bout de son fouet.

« Alors, comme cela, nous n'avons rien à faire ici aujour-
d'hui », dit-elle au curé, « donc je vous emmène dîner chez
moi. Aééé, hipp! » cria-t-elle à ses poneys, et sans plus s'in-
quiéter de Mme Normand, elle la força de se ranger pour ne
pas embrouiller la traîne de sa robe dans les roues de derrière
du panier.

Mme Normand se vengea en envoyant le lendemain au nom
de l'Impératrice une gratification au curé, plus, quelque chose
pour ses pauvres, et un petit mot dans lequel elle lui disait
qu'on n'avait plus besoin de son office.

Le curé s'en réjouit intérieurement, quoiqu'il fût un peu
blessé du procédé; mais il préférait entre deux maîtres choisir
le plus stable et Arenenberg n'était qu'un casuel.

Mme Normand ne pardonne pas à Mme Bur.. surtout depuis
que les hommes en parlent parfois avec beaucoup d'enthou-
siasme et d'entrain, et que le prince aussi s'en mêle avec
d'autant plus de plaisir qu'il pense par là lui être désagréable.

Ce fut à cette époque qu'on pria le digne chapelain
d'Ermattingen de venir officier à Arenenberg, et ce fut avec
joie qu'il commença sa série de sermons sur le pétrole et
le pardon des injures.

Outre la chapelle qui sert aux offices, il y a encore une
petite chapelle toute rustique, œuvre du prince Louis-Napoléon; dans ses moments de loisirs il se faisait aider par
le jardinier et, à eux deux, élevèrent une jolie petite mai-
sonnette tout dans le fond du parc; on en décora l'extérieur

d'une croix, l'intérieur d'un autel, de deux prie-Dieu et de deux jardinières, le tout en écorces d'arbres.

Le jour anniversaire de la mort de son frère le prince Napoléon-Louis, mort comme on sait en Italie, le prince Louis-Napoléon y mena sa mère.

Depuis, la reine Hortense alla souvent prier dans cette chapelle, érigée à la mémoire d'un fils mort par le fils qui lui restait. Elle y retrouvait ses enfants.

Ce fut aussi dans cette chapelle que fut déposé son corps, avant qu'il ne fût transporté à Rueil, pour être enterré à côté de celui de l'impératrice Joséphine.

Maintenant la chapelle est abandonnée, non pas qu'elle tombe de vétusté; elle est soigneusement nettoyée par les jardiniers, mais personne n'y met de fleurs, personne n'y vient prier.

Un office divin public, où l'on voit et où l'on est vu, une prière dite cérémonieusement par un prêtre, suffisent aux besoins d'Arenenberg.

Pourtant, le vent du malheur a passé par là; mais on lutte pour lui tenir tête et le faire tourner. Il n'y a encore là, ni découragement, ni résignation; on ne cherche pas encore le dernier refuge qui est Dieu seul, et l'on n'a pas encore le besoin de le prier sans témoins.

Il ne faut pas quitter Arenenberg sans faire une visite très souvent indiscrète à un grand poirier, connu dans le village de Mannebach sous le nom de *s'Prinze Küslli*.

Les on-dit racontent que le prince Louis-Napoléon en faisait sa boîte à lettre; elle était connue du douanier qui attend le bateau au débarcadère de Mannebach; c'était lui qui était chargé de la remise de la correspondance d'Arenenberg, et lorsqu'une lettre lui semblait répondre au signalement que lui en avait donné le prince, au lieu de la porter au château il la mettait dans le poirier. Cet arbre, qui produit encore en quantité chaque année de mauvaises petites poires jaunes, très acides, a certes recélé bien des secrets; secrets politiques, secrets d'amour, car on dit aussi que non-seulement le douanier connaissait la boîte aux lettres, mais qu'elle était connue de plus d'une jolie fille des environs.

L'usage du poirier n'a pas été oublié, car en 1875, il s'est souvent, facteur muet, chargé de bien des correspondances; seulement il est à craindre, puisque cette cachette est trop connue, que les lettres ne soient pas toujours arrivées à leur adresse, ou que, si elles avaient une suscription, il y ait eu plus d'une indiscrétion commise.

En attendant que le jeune Prince déclare le poirier sien, et qu'il fasse valoir ses droits d'hérédité, cette boîte à lettres omnibus causera encore bien souvent des insomnies à la petite cour d'Arenenberg et justifiera, sans les expliquer, des départs précipités comme celui de M. de W... vers la fin de ce mois d'Août.

Le jeune héritier n'est pas pressé d'entrer encore en jouissance de ses droits; son yacht, son jeu de boules, et ses bouquets lui suffisent pour le moment, et c'est peut-être avec intention qu'il retarde cette prise de possession pour s'amuser un peu en écolier des correspondances des autres et changer quelquefois sur l'adresse un B en un R pour voir les fils s'embrouiller.

En longeant la route du poirier on arrive à une auberge toute neuve; elle s'intitule *Pension Fehr.* L'hôtelier n'a pas mal calculé en pensant que la proximité d'Arenenberg lui attirerait bien des convives, car il y a encore des partisans si discrets qu'ils se contentent, après avoir fait deux cents lieues pour voir l'Impératrice et le Prince impérial, de se tenir sur leur passage le dimanche au sortir de la messe, de saluer bien bas et de s'en retourner à la pension Fehr dont les fenêtres de la salle à manger s'ouvrent sur le château; avec de bons yeux on en distingue les habitants; on y entend sonner l'horloge et la cloche du dîner; on y entend faire de la musique; on voit qui y monte et qui en descend, et si la petite cour se rend soit au yacht, soit à la gare, soit à la cabine de bains, elle passe devant la pension Fehr.

Aussi ces modestes adorateurs ne quittent pas les fenêtres de la salle à manger, et restent toujours les yeux attachés sur le château pour n'en pas perdre un mouvement.

Après trois ou quatre jours de ce jeu de patience, ils s'en retournent contents.

La tête immobile, tournée aussi vers les fenêtres d'Arenen-berg, le regard fixe mais éteint, se trouve une gravure repré-sentant Napoléon III sur son lit de mort.

Est-ce préméditation de la part de l'hôtelier, ou est-ce simple hasard? A-t-il acheté cette gravure comme il en aurait acheté une autre, histoire de garnir les murs de sa salle à manger?

Il en sera ce qu'il en est, mais cet empereur, couché sur son lit de mort, en Angleterre, sur la terre d'exil, le visage tourné fixement vers les fenêtres d'Arenenberg, rappelle le jeune homme, exilé aussi, et écrivant à sa mère:

Combien je regrette ma petite chambre d'Arenenberg, dans ce beau pays où il me semble que je devais être si heureux.

Que d'événements entre ces deux phases de cette même vie! partir de l'exil pour arriver au sommet des grandeurs et aboutir fatalement à l'exil!

www.ingramcontent.com/pod-product-compliance
Lightning Source LLC
Chambersburg PA
CBHW060501200326
41520CB00017B/4875